图书在版编目（CIP）数据

庭院里的花 / （韩）南妍汀著；（韩）李在恩绘；
王伟锋译 . -- 2 版 . -- 北京：中信出版社，2020.4（2025.5重印）
（我家门外的自然课）
ISBN 978-7-5217-1594-1

Ⅰ.①庭… Ⅱ.①南…②李…③王… Ⅲ.①庭院 −
花卉 − 少儿读物 Ⅳ.① S68−49

中国版本图书馆 CIP 数据核字（2020）第 029216 号

庭院里的花
（我家门外的自然课）

著　者：［韩］南妍汀
绘　者：［韩］李在恩
译　者：王伟锋
出版发行：中信出版集团股份有限公司
　　　　　（北京市朝阳区东三环北路 27 号嘉铭中心　邮编 100020）
承　印　者：北京盛通印刷股份有限公司

开　本：889mm×1194mm　1/16　　印　张：3.75　　字　数：67千字
版　次：2020年4月第2版　　　　印　次：2025年5月第13次印刷
京权图字：01-2012-7958
书　号：ISBN 978-7-5217-1594-1
定　价：108.00元（全4册）

我家门外的自然课

庭院里的花

[韩] 南妍汀 著　[韩] 李在恩 绘　王伟锋 译

中信出版集团 | 北京

凡例

1. 本书收录了花园里常见的 54 种花。
2. 每种花的图注都记录了观察、描绘花的时间。
3. 本书目录和分类参考了《大韩植物图鉴》一书。

目录 ▶ ▶ ▶

大花马齿苋 21   芍药 22   牡丹 23

野罂粟 24   醉蝶花 25   荷包牡丹 26

鸡树条 28   皱皮木瓜 29   当代月季 30

凤仙花 32　　　　蜀葵 34　　　　木槿花 35

三色堇 36　　　　迎红杜鹃 37　　　　连翘 38

紫丁香 39　　　　圆叶牵牛 40　　　　一串红 41

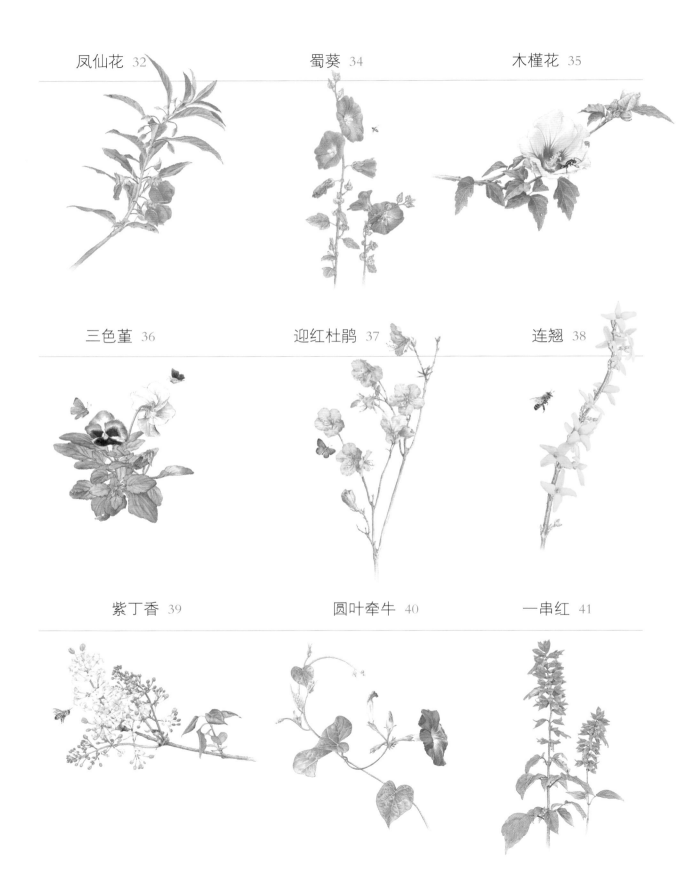

花月历

紫露草

Spider wort

别称：紫鸭跖草
属目：鸭跖草科多年生草本植物
花期：5~8月
高度：50厘米

　　紫露草长得与鸭跖草十分相像，又因为开紫色的花，所以也被叫作"鸭跖草"。花的颜色除了紫色之外，还有白色和蓝色。紫露草在清晨开花，在一天之中阳光最强烈的时间，花朵会卷曲起来，缩进圆圆的花萼，像果实一样一个个悬挂着。

　　紫露草的花朵虽然小，香气却很浓，一开放便会吸引成群的蜜蜂飞来。紫露草每一节茎上都长有气根，所以即使被砍断栽种在地上，也能很好地扎根存活，而且只要种植过一次，来年这个地方依然会长出紫露草。

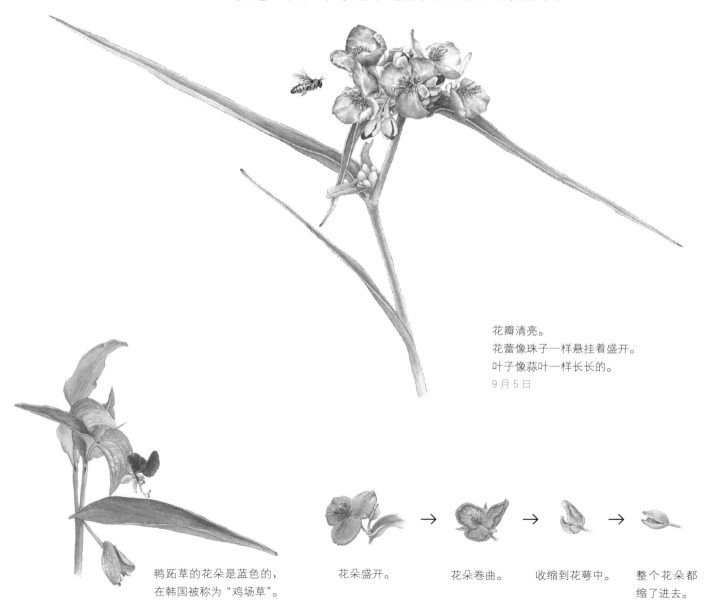

花瓣清亮。
花蕾像珠子一样悬挂着盛开。
叶子像蒜叶一样长长的。
9月5日

鸭跖草的花朵是蓝色的，
在韩国被称为"鸡场草"。
7月15日

花朵盛开。　　花朵卷曲。　　收缩到花萼中。　　整个花朵都缩了进去。

可能是因为叶子扭摆着生长，也可能是因为花朵交错生长，所以长柄玉簪在韩国又有扭扭草这个名字。从6月开始，在长长的花轴上成排盛开的紫花真是美丽呢。长柄玉簪的叶子像饭勺一样宽大，为了观赏绿叶，很多人会在家里种植长柄玉簪，当波浪似的绿叶覆盖整片庭院，看着确实舒服极了。挺过严冬的嫩叶吃起来甜甜嫩嫩的，可以煮一煮直接拌着吃，也可以放在锅里做大酱汤，当然，用来包饭的话味道也是极好的。

长柄玉簪

Hosta

属目：百合科多年生草本植物
花期：7~8 月
高度：30~40 厘米

花朵呈漏斗状。
只需要种植几株，长柄玉簪便会自己生根蔓延开来。
7 月 5 日

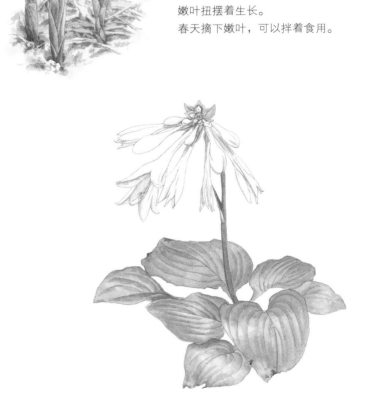

嫩叶扭摆着生长。
春天摘下嫩叶，可以拌着食用。

玉簪花
相比长柄玉簪，它的花朵更大，叶子也更宽。
花朵盛开时，散发出扑鼻的香气。
9 月 7 日

郁金香

Tulip

别称：洋荷花、荷兰花
属目：百合科多年生草本植物
花期：4～5月盛开，花色繁多
高度：20～30厘米

　　郁金香原产于北非、亚洲、欧洲的温带地区，在欧洲具有很高的人气。据说，在1630年前后，三个郁金香球茎的价钱足以买一栋房子。现在，在世界范围内，郁金香已是被种植最多的花之一，仅次于当代月季。郁金香的花色除了红、黄、白之外，还有其他许多颜色，单色或复色，深浅不一，数不胜数。若在10月将圆圆的郁金香球茎种下，来年它便会开出美丽的花。若气温上升至30摄氏度，那么它的花期会更长。

花瓣如丝绸般光滑厚实，花谢的时候，花瓣会出现闭缩现象，不过即使凋谢了，花瓣也会长时间保持光泽，十分漂亮。
4月8日

花瓣凋落后，子房会渐渐膨大。子房中有很多郁金香种子。将种子种下，5~6年后会开花。

山麦冬可以在阴暗的地方良好生长，因此经常被栽种于高大建筑物的旁边或大树底下，也常常代替草坪被种植在普通植物无法生长的潮湿阴暗的地方。山麦冬在整个冬天都会保持绿色，所以在韩国也被称为"冬生草"。

5～6月，山麦冬的大花轴上会密密麻麻地盛开紫色的小花，10月左右，圆圆的果实成熟，呈黑色，宛如油亮亮的珠子一般。将挂在山麦冬根部圆圆的块茎晒干，可以入药，也可以泡茶饮用。

山麦冬

Lilyturf

别称：麦门冬、沿阶草、书带草
属目：百合科多年生草本植物
花期：5~6月盛开
高度：30~50厘米

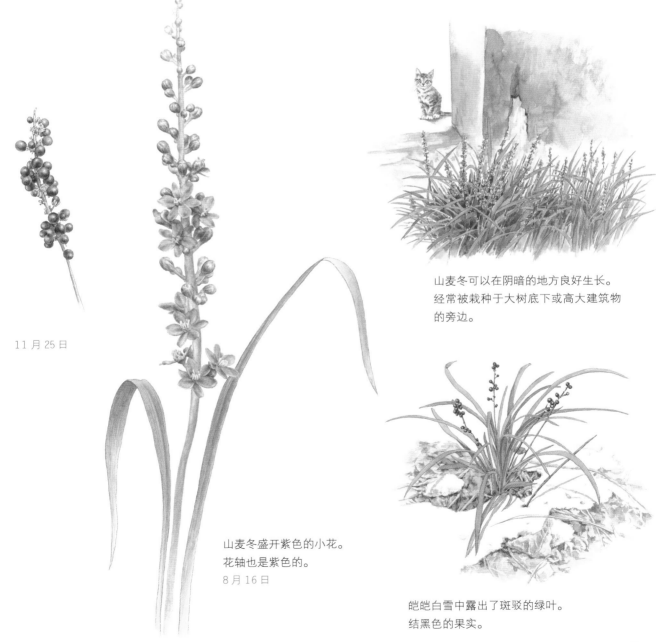

11 月 25 日

山麦冬可以在阴暗的地方良好生长。经常被栽种于大树底下或高大建筑物的旁边。

山麦冬盛开紫色的小花。
花轴也是紫色的。

8 月 16 日

皑皑白雪中露出了斑驳的绿叶。结黑色的果实。

卷丹

Tiger lily

别称：虎皮百合、倒垂莲、药百合、黄百合、宜兴百合、南京百合

属目：百合科多年生草本植物

花期：7~8月盛开

高度：1~2米

　　卷丹花朵内侧有斑点，看起来像老虎身上的花纹，所以卷丹也常被称为"虎皮百合"。其实卷丹的英语名字直译也是"虎皮百合"。与其他百合相比，卷丹的植株更为高大，花呈橘黄色，大小如成人拳头一般，开花时，花朵会面向大地，在花茎上层层开放。因为卷丹的花朵都是在酷热的时候盛开，所以当卷丹花开时，我们便会知道，现在是盛夏了。花朵怒放时，花瓣会后卷，这样花蕊就会露出来。当你忍不住凑上去闻一闻时，褐色的花粉就会淘气地沾在你的鼻子上。

花瓣后卷。
金凤蝶经常飞来。
7月16日

盛开在山间和原野中的夏季花

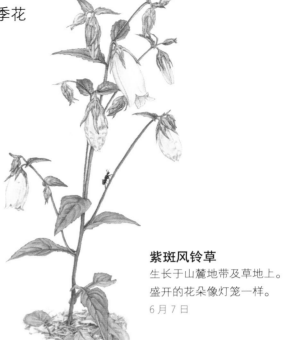

紫斑风铃草
生长于山麓地带及草地上。
盛开的花朵像灯笼一样。
6月7日

桔梗花
在山中盛开。
根部可食用，因此会有人特意种植。
按压花蕾，花蕾会"嘭"地一下展开。
7月5日

耧斗菜
距像鹰爪一样歪歪扭扭的。
初夏时，在山中盛开。
4月7日

溪荪
花蕾尖尖，宛若毛笔。生长在山地和原野里。
6月1日

15

石蒜

Red spider lily

别称：龙爪花、老鸦蒜、彼岸花、曼珠沙华

属目：石蒜科多年生草本植物

花期：9~10月盛开

高度：30~50厘米

石蒜的意思是"石头大蒜"，之所以有这样一个名字，是因为石蒜的球茎酷似大蒜。因为石蒜是成群生长的，所以它在韩国常被称为"花群"，又因为花多开在秋分之时，所以又叫"秋分花"。夏天，石蒜叶子枯萎凋零，秋天光秃秃的花轴竖起，花朵盛开。远远看去，仿佛是花轴插在地上一般。如唇般鲜红的小花们在花轴顶端聚集开放，看起来就像是一朵花。据说，若将石蒜球茎中的淀粉与草混合，然后涂在佛经或者佛画上，即使历经千年，佛经、佛画也不会生蛀虫。

石蒜的球茎酷似大蒜，里面含有毒素，会让人产生麻麻的感觉。

叶子凋零后，巨大的花轴顶端会盛开花朵。花朵如火焰般华丽绽放。

9月15日

若在9月前后前往灵光佛甲寺或高昌禅云寺，便可以欣赏到一望无际的石蒜鲜红盛开的景象。

在韩国济州岛，人们看到黄水仙迎着白雪盛开，便又给了它"雪中花"这个名字。黄水仙"金盏银台"的别称则源于其花瓣中心托出一个金黄色杯状副冠，仿佛"金盏"一般。虽然勤劳的黄水仙总是在冰雪还未消融之前就提早绽放，但在短时间内就凋零了，不禁让人唏嘘扼腕。在春风中，黄水仙花瓣随风飘摇，散发出隐隐香气。

黄水仙

Daffodil

别称：金盏银台、金盏玉台、雪中花
属目：石蒜科多年生草本植物
花期：3 ~ 4 月盛开
高度：20 ~ 40 厘米

花朵的样子好像放在盘中的小碗。
4 月 5 日

鳞茎像洋葱。
9 ~ 10 月将它种于向阳的土壤中，来年春天便会开花。

水仙花种类繁多。
花朵也是各式各样。

17

美人蕉

Canna

别称：红艳蕉、小花美人蕉、小芭蕉
属目：美人蕉科多年生草本植物
花期：7~10月盛开
高度：1~2米

　　美人蕉的叶子像香蕉叶一样宽大，茎能长到2米高，十分细长。想象一下，在炎热的夏季，单是看到美人蕉叶子下垂产生的花荫，心里就清凉极了吧。每年6月开始，肥大的绿叶之间会开出黄色、白色、粉红、橘黄色的花朵。开花期间要偶尔给它除除草，摘下枯萎的花轴。待霜降时，将美人蕉的茎砍掉，挖出球茎好好保存，避免受冻，来年4～5月像种土豆一样将发芽的部分切下来种上，就又能重新看到它的风采了。

大花美人蕉的花大，
叶子大，个子也非常
高大。
9月5日

玩过家家时，美人蕉红色的花朵可以
用作"辣椒粉"，宽厚的叶子可以用作
"盘子"。

因为花朵光滑柔软，所以它在韩国被称为"滑滑的东西"；又因为花朵呈红色，并且看上去皱巴巴的，酷似鸡冠，所以被称为"鸡冠花"，其英文名cockscomb（鸡冠）也源于此。酷热的七八月份来临之际，鸡冠花便会开出美丽的红花。花朵除了红色之外，还有白色、黄色、橙色。仔细观察，就会发现鸡冠花的花朵其实是由众多小花聚集在一起形成的花穗。我们可以将红色的花朵捣碎用来染色，也可以将花撕成细条放在年糕或者煎饼上食用。鸡冠花抗旱能力强，只要土壤肥沃，阳光充足，鸡冠花在哪里都能很好地生长。

鸡冠花

Cockscomb

别称：鸡髻花、老来红、芦花鸡冠、笔鸡冠、小头鸡冠、凤尾鸡冠
属目：苋科一年生草本植物
花期：7~8月盛开
高度：90厘米

秋天种子成熟，呈黑色。
轻抖几下，芝麻粒般的种子便会
洒落下来。

沿着花朵的纹理触摸，感觉
像天鹅绒一样光滑。
9月3日

鸡冠花的花朵酷似鸡冠，
厚厚的，皱皱的。

紫茉莉

Four o'clock flower

别称：粉豆花、夜饭花、状元花
属目：紫茉莉科一年生草本植物
花期：6~10月盛开
高度：60~100厘米

紫茉莉黑色的种子里充满了又细又白的粉末，所以在韩国，人们叫它"粉花"。紫茉莉永远都会在日落时开花，即使阴天或下雨它也会准时开放。因此以前没有钟表的时候，妈妈们总是会在紫茉莉开花时准备晚饭。紫茉莉花朵的形状像漏斗，有的一株上全开粉红色的花，有的则会粉红、黄色、白色交错开花。若芽发得好，枝叶又散得好，仅仅一株紫茉莉也会占满整片花圃。闻一闻，香气扑鼻。

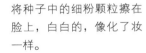

花朵像小小的喇叭花。
在每一处花朵凋零的位置，都会结出豌豆大小的种子。成熟的种子外壳呈黑色，慢慢会变得干巴巴的。
9月21日

剖开紫茉莉的末端，轻轻一抽，会带出来长长的花蕊。
将花朵末端挂在耳郭上，就变成了耳环，一摇一晃的好玩极了。

将种子中的细粉颗粒擦在脸上，白白的，像化了妆一样。

大花马齿苋在韩国有很多别称，因为紧贴地面生长，所以被称为"地花"；因为花朵只开放一天，所以被称为"一天花"；因为常在夏候鸟董鸡飞来之际开花，所以被称为"董鸡花"。大花马齿苋的英文名字"rose moss"有"玫瑰苔藓"的意思，这是因为它的叶子虽然像苔藓一般小，但是花朵却像玫瑰一样华丽。阴雨天，大花马齿苋的花瓣会紧紧卷缩在一起，待太阳放晴之后，又会再次绽放。茎蔓延的同时，花朵也会跟着盛开，所以在霜降之前，我们可以尽情欣赏它肆意绽放的美丽。若咔嚓咔嚓将大花马齿苋的茎剪断直接插在土壤中，它也能够很好地生长。

大花马齿苋

Rose moss

别称：太阳花、半支莲、松叶牡丹、龙须牡丹、洋马齿苋、太阳花、午时花

属目：马齿苋科一年生草本植物

花期：7~10月盛开

高度：一般不超过10厘米

即使在无风的日子里，每到正午时分，大花马齿苋的花蕊也会自动摇晃进行授粉。
大花马齿苋的茎和叶充满水分，非常抗旱。
7月13日

大花马齿苋的花朵颜色各异。
有的花瓣还会重叠生长。

果实成熟后，上面的"盖子"会一下子张开，里面装着满满的种子。

若紧靠台阶种植，大花马齿苋便不会被人踩到，人们每次上下台阶时，也能看到它美丽的花朵。

芍药

Garden peony

别称：将离、离草、野牡丹、木盆花
属目：芍药科多年生草本植物
花期：5~6月盛开
高度：50~80厘米

　　花朵完全开放后的形状和木盆很像，花朵硕大，花瓣肥厚，所以在韩国又被称为"木盆花"。芍药和牡丹的图案都经常出现在屏风上。芍药的花和叶与牡丹的很像，只是牡丹是木本植物，而芍药则是草本植物。因此牡丹高，芍药矮。在韩国有这样一种说法形容美丽的女子："站似牡丹，坐似芍药。"芍药会在4月萌发紫芽，5月开花，它的根可用作药材。

花朵直径约10厘米。
盛开的时间比牡丹晚。

红芍药

白芍药

春天里，芍药萌芽了。
4月7日

牡丹的花朵硕大，花瓣肥厚，大小与人脸的大小相似。正因为花朵大，一朵花完全开放大约要花费半天的时间。每个花枝顶端都会盛开一朵花，紫色的、粉红色的、白色的，美丽极了。花瓣像丝绸一样油亮、华丽，香气也非常浓郁。凑到花朵旁边静静闻一闻，鼻子上也会满满的都是黄色的花粉呢。据说牡丹花象征富贵，所以很多人都会在庭院里种植牡丹。牡丹的根皮可以入药。

牡丹

Tree peony

别称：洛阳花、富贵花
属目：芍药科落叶灌木
花期：4~5月盛开很大的花朵
高度：2米

花朵直径超过15厘米。
花朵中央密密麻麻长满了金黄色的花蕊。

5月2日

结花蕾。

含苞待放。

花朵硕大，花瓣肥厚。

花朵凋谢。

星星形状的果实成熟饱满。

果实成熟后裂开。

野罂粟

Field poppy

别称：山罂粟、冰岛罂粟
属目：罂粟科一年生草本植物
花期：5~6月盛开
高度：30~80厘米

花朵酷似罂粟，自己在田野里也能很好地生长。与罂粟不同，从野罂粟里不能提取出鸦片成分，所以可以随心所欲地将野罂粟栽种于自己的花田中。虽然它被称为"野罂粟"，但是花朵美丽的程度可一点儿都不逊色于罂粟。五六月的正午，红色的花朵竞相开放，间或会出现白色的花。若阳光强烈，薄薄的花瓣会像手掌握起一样迅速卷缩，将雄蕊和雌蕊严实地包裹起来。

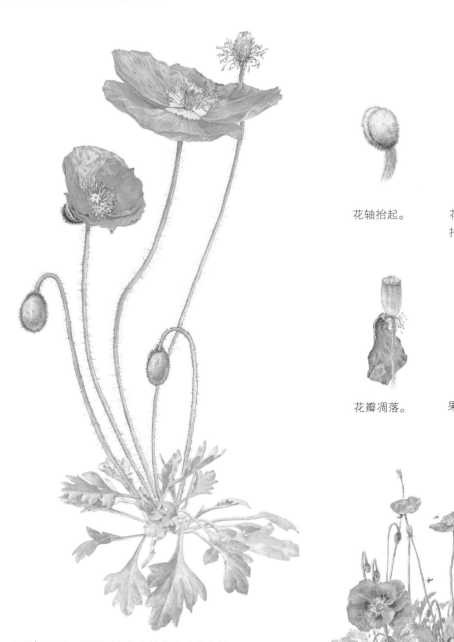

与罂粟不同，野罂粟的茎上长有毛毛的小刺。

4月8日

花轴抬起。

花萼一点点打开。

花瓣绽开。

花瓣凋落。

果实成熟。

种子从小孔中散出。

随风飘摇的花朵酷似蝴蝶，所以叫作"醉蝶花"。在韩国，人们也爱叫它"蝴蝶花"，又因为花朵像韩国举行结婚仪式时新娘戴的帽子，所以也常被称为"新娘帽子花"。西方人认为它又细又长的花蕊像蜘蛛腿，所以喜欢称它为"蜘蛛花"。醉蝶花从 6 月开始盛开，虽然中午的时候它看起来要蔫了，但是到了日落时分，醉蝶花会旺盛地开放。醉蝶花的叶子和茎上都长满毛和刺，皮肤碰到后会火辣辣地疼。如果你能经常为它掐掉那些长长的果实荚，那么在霜降之前，花朵会美丽地盛开很长时间。

醉蝶花

Spiny spider flower

别称：紫龙须
属目：白花菜科一年生草本植物
花期：8~9月盛开
高度：1 米左右

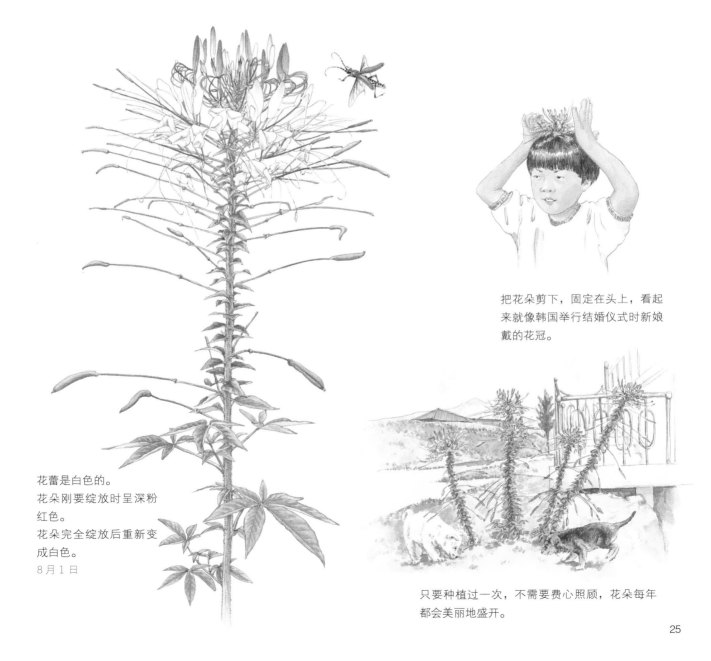

花蕾是白色的。
花朵刚要绽放时呈深粉红色。
花朵完全绽放后重新变成白色。
8 月 1 日

把花朵剪下，固定在头上，看起来就像韩国举行结婚仪式时新娘戴的花冠。

只要种植过一次，不需要费心照顾，花朵每年都会美丽地盛开。

荷包牡丹

Bleeding heart

别称：荷包花、兔儿牡丹、铃儿草、鱼儿牡丹

属目：罂粟科多年生草本植物

花期：5~6 月盛开

高度：40~60 厘米

　　在韩国，因为它的花朵像丝绸锦囊一样，所以人们称之为"锦囊花"。此外，又因为像新娘挂在身上的锦囊，所以它被称为"新娘锦囊"，还因为乍一看像粉红色嘴唇沾上了白色的饭粒，所以又被称为"饭粒花"。多生长在土壤肥沃的山上，也常被栽种在花田里。5 ~ 6 月，长长的花轴末端成串成串地开出美丽的花，花朵好似圆鼓鼓的锦囊。天气变热后，花朵会变黄凋零。春季长出的新芽可以凉拌食用，非常可口。

长长的花轴末端成串成串地开出美丽的花。
也有白色的荷包牡丹。
若是抚摸茎叶，或是空手拿种子，手会被染成黄色。
5 月 19 日

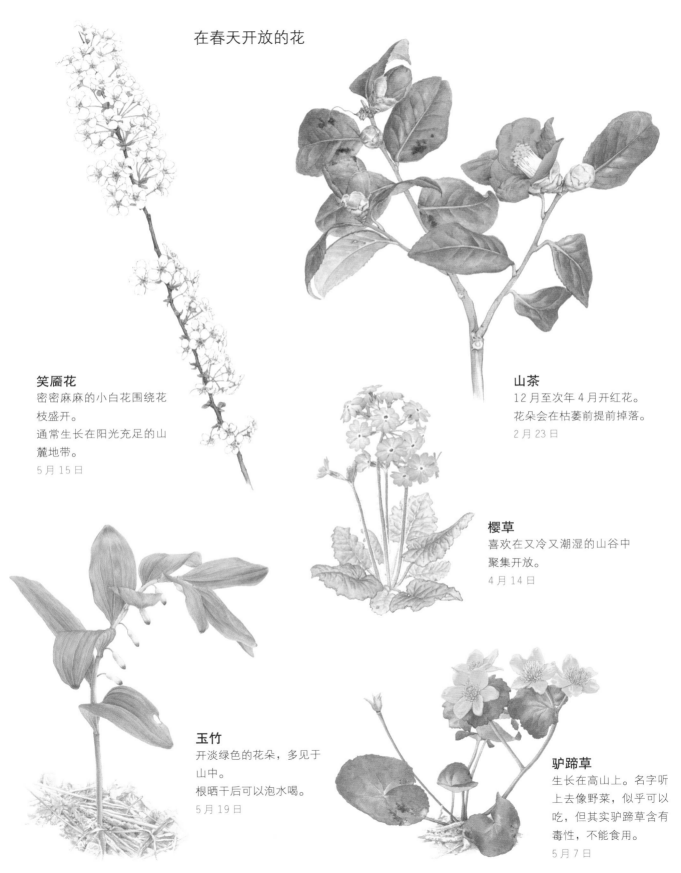

在春天开放的花

笑靥花
密密麻麻的小白花围绕花
枝盛开。
通常生长在阳光充足的山
麓地带。
5 月 15 日

山茶
12 月至次年 4 月开红花。
花朵会在枯萎前提前掉落。
2 月 23 日

樱草
喜欢在又冷又潮湿的山谷中
聚集开放。
4 月 14 日

玉竹
开淡绿色的花朵，多见于
山中。
根晒干后可以泡水喝。
5 月 19 日

驴蹄草
生长在高山上。名字听
上去像野菜，似乎可以
吃，但其实驴蹄草含有
毒性，不能食用。
5 月 7 日

鸡树条

Snowball tree

别称：天目琼花、佛头花
属目：忍冬科落叶灌木
花期：5~6月花朵呈圆团状盛开
高度：3~6米

　　圆圆的花团好像佛祖的头，所以也被称为"佛头花"。花朵绽放的形状又很像大碗，所以在韩国也被称为"大碗花"。与绣球花不同，鸡树条的叶尖为三裂。绣球花属于生长在山谷的泽八仙花的改良品种，而鸡树条则是鸡树条荚蒾的改良品种。鸡树条没有雌蕊及雄蕊，不结种子。正是因为这样，种植的时候需要将花枝剪下插在土壤中，采用扦插法。鸡树条的生长对湿度有要求，若将它种植在较为潮湿的地方，它便能良好地扎根生长。

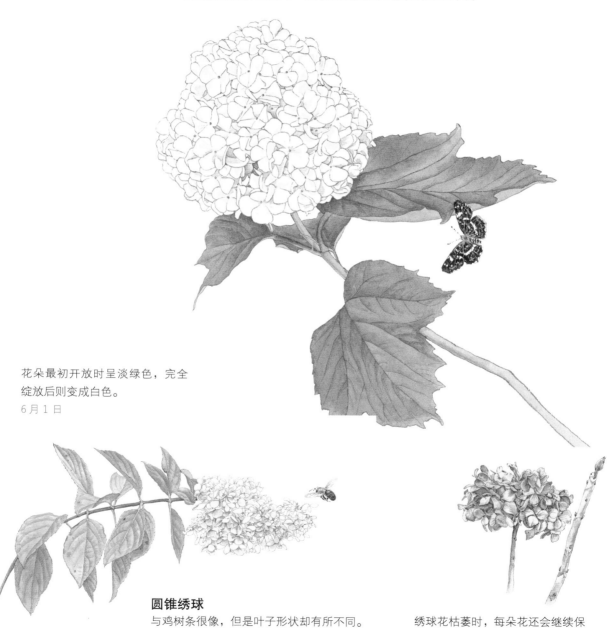

花朵最初开放时呈淡绿色，完全绽放后则变成白色。
6月1日

圆锥绣球
与鸡树条很像，但是叶子形状却有所不同。
9月1日

绣球花枯萎时，每朵花还会继续保持原来的形状。
鸡树条枯萎时会一个个散开凋落。

在韩国有"小姐花"的别称。4月，小巧秀气的花朵会密密麻麻地开在花枝上。晶莹透绿的叶子背后藏有刺，在不知道的情况下触摸花朵很容易被扎到。花朵凋零后会结出小孩拳头般大小的果实，果实像小木瓜，香气逼人。因为皱皮木瓜是从中国引入韩国的，所以在韩国它又被称为"唐木瓜"。皱皮木瓜的花枝光滑笔直，随性向各处伸展，看起来密密实实的。皱皮木瓜即使完全长大也不会超过一个人的高度，所以经常被人们种来当作篱笆。

皱皮木瓜

Flowering quince

别称：贴梗海棠、木瓜
属目：蔷薇科落叶灌木
花期：4~5月盛开
高度：1~2米

花朵密密麻麻地盛开，遇到风雨天，会"吧嗒吧嗒"地掉落。

5月2日

果实长得像小木瓜。
夏季，果实成熟后呈黄色，像木瓜一样香气逼人。

用水冲泡饮用时，与木瓜的味道一模一样。
有益于缓解感冒症状。

当代月季

Rose

别称：洋玫瑰、现代月季、杂交月季
属目：蔷薇科落叶灌木
花期：5月盛开
高度：树1~2米，藤3~10米

5月份，当代月季怒放。因为花朵华丽异常，所以在韩国又被称为"五月女王"。此外，当代月季花香袭人，颜色各异，一朵花从指甲大小到人脸大小都有。据说世界上并不存在蓝色的当代月季，因此它的花语是：奇迹与不可能实现的事。我们平时所见的蓝色当代月季其实都是被染过色的。当代月季的花不耐热，也不耐寒。为了守护自己，夹死虫子，它会立起尖尖的刺。当代月季的花瓣晒干后可以泡茶喝。

树形当代月季开花时，站立得直挺挺的。
比藤本蔷薇更大，刺也更硬。

藤本蔷薇开花的数量比树形当代月季多。
与喇叭花利用花茎缠绕其他物品向上生长不同，藤本蔷薇多倚墙生长。

多种蔷薇的杂交后代

藤本蔷薇
又被称为"茎玫瑰"。
初夏盛开。

切花月季
容易得病虫害。
经常被用来制作花束。

"夏日之梦"月季
初夏盛开。
容易得病虫害。

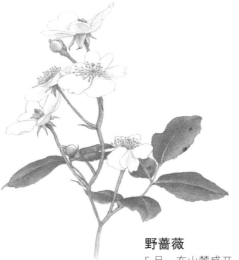

香水月季
夏季开放，香气逼人。

野蔷薇
5月，在山麓盛开，
也被称为"野玫瑰"。

刺蔷薇
多生长于海边沙地上。
初夏盛开。

在用来做香水的花中，使
用较多的就是栽培月季。
它的香味酸酸甜甜的。

凤仙花

Garden balsam

别称：指甲花、急性子、女儿花、金凤花、桃红

属目：凤仙花科一年生草本植物

花期：6~8月盛开

高度：60厘米

凤仙花在夏季盛开。一到6月，令人赏心悦目的花朵像要腾空飞舞一般华丽绽放。花谢时，新鲜的花瓣掉落在地上，像是铺了一层花毯。据说红色的花朵有驱邪的作用，所以凤仙花多被栽种于墙根或者酱缸台子的下面。花朵盛开后，大家争先恐后地采下它为指甲染上美丽的颜色。揉搓花朵或叶子，会闻到酸酸的味道。果实荚成熟后呈淡黄色，手轻轻一碰便会裂开，所以，凤仙花便有了"别碰我"的花语。

茎粗且水分多，很通润。
茎的底端呈红色，花朵也是红色的。
7月3日

风或者雨滴都会使成熟的果实荚裂开，随后果实荚便会枯萎。

用枯萎的花瓣染色，效果会更好。

将花瓣和叶子放在一起，加上明矾，捣碎。

将混合物敷在指甲上，再在指甲周围涂上指甲油，颜色就不会染到皮肤上了。

包上塑料膜，然后用线一圈圈缠好。

线最好系于手指的第二个关节处。如果系在第一个关节，塑料膜容易脱落。

一夜过后，指甲就被染成红色了。

据说，如果在初雪那天指甲上凤仙花的花汁依然存在，那么就预示着爱情圆满。

蜀葵

Hollyhock

别称：一丈红、大蜀季、戎葵、吴葵、卫足葵、胡葵、斗篷花、秫秸花

属目：锦葵科二年生草本植物

花期：6~7月盛开

高度：2~2.5米

花朵像碟子一样宽大，所以在韩国被称为"碟子花"。如丝绸般油亮、光泽的花朵会从底部依次绽放，自6月左右开始，直到梅雨连绵之际依然美丽如初。蜀葵很高，茎部很直，经常被种植于围墙边，若是将不同颜色的蜀葵花混着种，紫色、粉红色、黄色、白色……围墙边可就五彩缤纷啦。花朵凋零后会密密麻麻地结出圆圆的果实，果实里面聚集着排得整整齐齐、像硬币一样扁圆形的种子。

果实里挤满了扁圆的种子。

花朵开得最盛之季，梅雨连绵，雨过之后，蜀葵的茎会倒下，花瓣也会全部消失在雨水里。

6月28日

花朵中间会冷不丁地冒出黄色的花蕊。

6月29日

木槿花是韩国的国花。将木槿花正式定为国花是从1948年8月15日开始的，当时，韩国摆脱日本殖民统治，正式成为独立的国家。在很早以前，韩国就有很多木槿花，从夏季到秋季持续绽放，恰似韩国祖先一样坚强，所以木槿花便被韩国人民定为国花。木槿花经常被种植在学校和政府机关里。木槿花在清晨开放，傍晚闭合。花朵凋零时，会一朵一朵地掉落。不过掉落之后，花茎上会有花朵继续开放，所以人们总是会看到鲜艳的花朵。木槿花花蜜很多，会引来很多蚂蚁。

木槿花

Rose of sharon

别称：里梅花、朝开暮落花、疟子花、
　　　篱障花、白槿花，槿树花
属目：锦葵科落叶灌木
花期：8~9月盛开
高度：2~4米

木槿花有五片花瓣。抚摸叶子，感觉皱巴巴的。
8月2日

悬挂韩国国旗——太极旗旗杆上的顶球就是仿照木槿花的样子制造的。

日落时分，花瓣开始收缩闭合，然后掉落在地上。

木槿花经常被种植在韩国的学校和政府机关里。

三色菫

Pansy

别称：三色菫菜、猫儿脸、蝴蝶花、人面花、猫脸花、阳蝶花、鬼脸花

属目：菫菜科一二年生草本植物

花期：4~5月盛开

高度：12~25厘米

　　三色菫是多种野生菫菜的杂交后代，每朵花又混有黄色、白色、紫色多种颜色，三色菫因此得名。三色菫多被种于大路旁。花瓣里面黑色的花纹是一种标志，用来告知蜜蜂和蝴蝶蜜腺所在的位置。三色菫的味道非常香，因为有蜜腺，花朵微甜，因此可以食用。可以将花瓣放在拌饭中或者沙拉里。果实荚成熟后会迅速崩裂开，种子甚至可以飞到一米以外的地方。

三色菫的花朵有很多颜色，除了绿色，几乎所有的颜色都能看到。

4月16日

在秋天种下种子，来年早春便会开花。
可以在春季种下花秧。

早春，漫山遍野红红的迎红杜鹃是韩国土生土长的花。刚刚盛开的粉红色杜鹃花可以采下来直接吃。因为花朵可以吃，所以迎红杜鹃在韩国还有另外一个别称，叫作"可以吃的花"。花朵吃起来味道有点儿酸酸苦苦的。花瓣很薄，放在嘴里仿佛会立刻融化一般。若经常采迎红杜鹃花的花瓣吃，不知不觉间舌头和嘴唇都会变绿。还有一种花长得与迎红杜鹃十分相似，叫作"大字杜鹃"，但是大字杜鹃的花有毒素，不能食用，因此又被称为"狗花"。迎红杜鹃与大字杜鹃的不同之处在于，迎红杜鹃是先开花后长叶，而大字杜鹃则是先长叶后开花。

迎红杜鹃

Azalea

别称：迎山红、映山红
属目：杜鹃花科落叶灌木
花期：4~5月盛开
高度：2~3米

杜鹃花饼
用迎红杜鹃的花瓣摊饼，味道非常香。

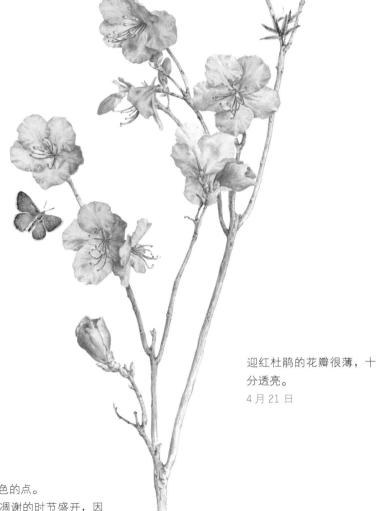

迎红杜鹃的花瓣很薄，十分透亮。
4月21日

大字杜鹃
花瓣内部有紫色的点。
在迎红杜鹃花凋谢的时节盛开，因此在韩国也被称为"续开杜鹃"。
5月2日

连翘

Weeping forsythia

别称：黄花条、连壳、青翘、落翘、黄奇丹

属目：木樨科落叶灌木

花期：4~5月盛开

高度：3米

开黄色的小花，样子与百合花相似，所以在韩国又被称为"野百合"。一到春天，连翘便会开遍道路旁的每个地方。连翘在长叶之前会先开花，这个时候看上去是一片黄灿灿的景象。长而挺秀的花枝快速地生长，即使在充满煤灰废气的城市也会很好地生长，因此，连翘经常被种植在马路边。当然，也有在山上自己生长的连翘。栽种连翘一般选择扦插的方法。只要将连翘花花枝切下来插入地面，很容易扎根生长。

在长叶子之前，先开金黄色的花朵。
4月2日

将连翘的花朵抛到高处，花朵便会转着圈落下来。

连翘是合瓣花，因此在中间串上线，便可以做成项链了。

连翘叶蜂幼虫
只吃连翘的叶子。
黑压压地贴在连翘上面啃噬叶子。
常见于5月份。

紫丁香气味非常好闻，一般在 4 月中旬左右盛开，稍微一刮风，浓烈的香气便会扩散到很远很远的地方。日落以后香气更加浓郁。紫丁香的气味到底能有多香呢？香到让你不自觉地停下脚步品闻香气。紫丁香与在山中土生土长的羽叶丁香非常相似，所以也被称为"西洋羽叶丁香"。什么地方最像呢？就是这两种盛开的小花都会像高粱穗一样悬挂在枝头。种植丁香花可以采用播种的方法，也可以采用扦插的方法。因为丁香花香气袭人，所以多被种植在学校、公园，以及家中的庭院。

紫丁香

Lilac

别称：丁香、百结、龙梢子
属目：木樨科落叶灌木
花期：4~5月盛开，香气浓厚
高度：2~5 米

小花聚在一起，形成了一个大花团。
5 月 2 日

果实成熟后会裂开。
即使在冬天，花枝上也会悬挂着果实壳。
2 月 23 日

圆叶牵牛

Morning glory

别称：紫花牵牛、喇叭花、毛牵牛
属目：旋花科一年生草本植物
花期：7~8月盛开
长度：藤蔓长达3米左右

因为长得像喇叭，所以又被称为"喇叭花"。圆叶牵牛在清晨开放，太阳升高以后花瓣开始收缩。圆叶牵牛的英文名字是"morning glory"（早上的阳光）。因为是合瓣花，如果轻轻按压枯萎的花朵，鼓鼓的地方便会像气球一样"嘭"的一声炸开。圆叶牵牛的茎会一圈圈环绕着其他的花草树木生长。它喜欢生长在阳光充足的沙地上，气温越高，花朵开得越多。茎和叶上有粗糙的软毛刺，所以虫子不容易爬上去。

圆叶牵牛可以将一切茎部能够接触到的东西缠绕起来。
不喜欢缠绕摇晃的物体。
开蓝紫色的花朵。
9月5日

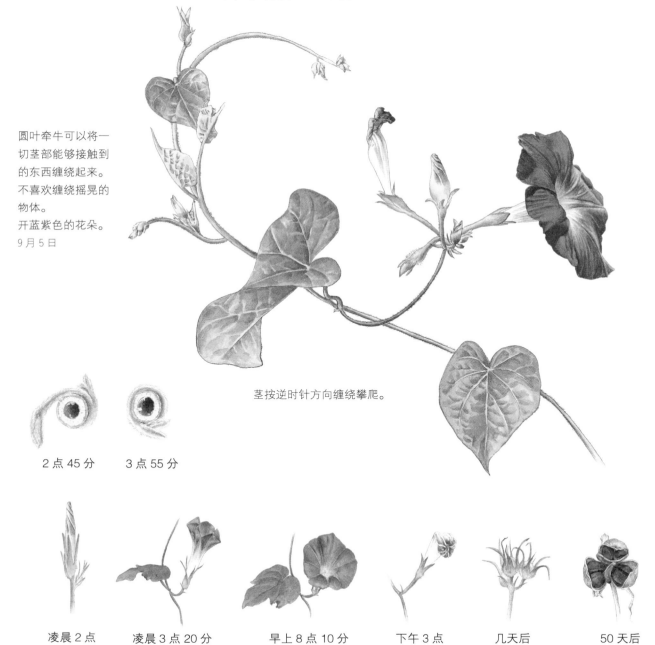

茎按逆时针方向缠绕攀爬。

2点45分　　3点55分

凌晨2点　　凌晨3点20分　　早上8点10分　　下午3点　　几天后　　50天后

与芝麻的花很像，所以在韩国被称为"芝麻花"，又因为丰富的花蜜可以被采来吃，所以也被称为"蜜花"。种子在春天发芽，8月份便会开出红色的花朵。若是庭院中聚集着多株一串红，那么真的仿佛是火焰在熊熊燃烧。随着茎纷纷长出，众多花朵也随之开放。艳红的花朵会毫不停歇地开放到秋天。花朵在初霜后逐渐枯萎，深绿色的叶子慢慢凋零。采下这些像舌头一样调皮伸出来的花朵，从尾部吮吸，便会尝到甜甜的花蜜。晚上的时候味道更甜。

一串红

Salvia

别称：爆仗红、象牙红、西洋红
属目：唇形科一年生草本植物
花期：8~9月开嘴唇形状的花
高度：60~90厘米

红色的花朵层层绽放。
采摘嫩叶可以冲泡花草茶。
9月29日

猛地摘下花朵，花萼便会脱落。

从花朵尾部吮吸，能尝到甜甜的花蜜。

酸浆

Ground cherry

别称：灯笼草、灯笼果、红菇娘、挂金灯、戈力、洛神珠、泡泡草

属目：茄科多年生草本植物

花期：6~8月盛开

高度：40~90厘米

能吹出"咕咕，咕咕"的声音，所以在韩国被称为"咕"。酸浆的花萼是橘黄色的，样子像灯笼一样。若将花萼拨开，便可以看到里面结着小西红柿一样的果实。将果实内部的东西去掉，仅留下果实的外皮，便能吹出"咕咕"的声音了。"咕咕，咕咕"，吹得好的话甚至可以吹成一首曲子。人们为了欣赏酸浆红色的果实，经常将它种植在放酱缸的台子上或者篱笆处。酸浆的根部可以入药。

当大二十八星瓢虫密布于酸浆果上，它们便会将叶子、果实全部啃噬一空。

花朵凋零后，花萼会越长越宽，然后将果实整个包起来。秋天，花萼会变成红色。

9 月 2 日

与酸浆一样同属于茄科的植物

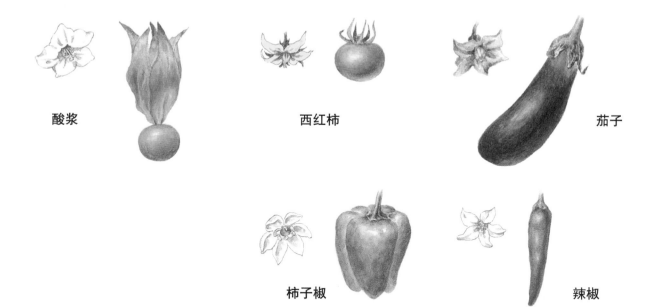

酸浆

西红柿

茄子

柿子椒

辣椒

制作酸浆玩偶

吹酸浆

揉搓酸浆果实，待其变软后，从蒂旁边的小孔中抽出种子。

将酸浆的小孔放在下嘴唇上，轻轻一吹，便能发出"咕咕"的声音。

放在吸管一端，"呼呼"吹气，果实会弹跳起来。

凌霄花

Chinese trumpet vine

别称：紫葳、五爪龙、红花倒水莲、倒挂金钟、上树龙、藤萝花

属目：紫葳科落叶藤本

花期：7~9月盛开

长度：可蔓延生长至10米左右

炎热的夏季，凌霄花一绽放，周围便会变得一片明亮。6月，藤蔓末端会开出大大的橙色花朵，花朵的数目甚至会超过10朵。风一吹过，藤蔓随风轻轻摇摆。凌霄花没有特别的香味，但一开花，便能持续两个多月不凋谢。然后，在即将枯萎之前，整朵花会提前从茎上掉落。凌霄花茎部的每一截都会生出小根，紧紧地附着在其他树木上。像爬山虎一样，凌霄花也喜欢爬墙。过去，只有韩国的两班贵族才可以种植这种花，所以凌霄花又被韩国人叫作"两班花"。现在，凌霄花常被种植在韩国汉江岸边和大路旁。

在生长过程中，茎部逐渐拉长，但是花朵依旧会朝向天空生长。

黑凤蝶是凌霄花的"伙伴"。

7月5日

欧美地区普遍种植的是厚萼凌霄，花朵跟凌霄花一样酷似小号，所以人们称之为"Trumpet Creeper"。

花朵朝向太阳生长，所以叫作"向日葵"。更加神奇的是，幼时，它的茎和叶会随着太阳的东升西落而调整生长方向，但是，开花后，向日葵会停下来，不再继续随太阳转动。其实，向日葵黄色的花朵也酷似太阳。花盘中一旦结满密密实实的种子，花朵就会变得十分沉重，花茎末端无力支撑，只能将"脑袋"耷拉下去。向日葵的茎粗壮且结实，虽然与树很像，但它却是一种草本植物。向日葵茎部生长着密密的硬毛，接触后，会感到针扎似的疼。剥开种子吃，味道香极了。用向日葵种子榨的油，香味也非常醇厚。大山雀和五彩山雀都非常喜欢吃向日葵的种子。

向日葵

Sunflower

别称：朝阳花、转日莲、向阳花、葵花、太阳花

属目：菊科一年生草本植物

花期：7~9 月花茎顶端盛开巨大的花朵

高度：2~3 米

黄色的花瓣绕着边缘一圈圈生长。只有里面的小花结出的果实会成熟。

向日葵种子吃起来非常香，鸟儿很喜欢。

7 月 16 日

向日葵个子高大，种子成熟后，依然会保持笔直站立的样子，直到完全枯萎。

菊花

Chrysanthemum

别称：寿客、金英、秋菊、日精、女华、
隐逸花
属目：菊科多年生草本植物
花期：9~10月盛开
高度：1米

　　深秋之际，菊花散发着浓郁的香气盛开。菊花与梅花、兰花、竹一起并称为"四君子"。菊花迎着寒冷的秋霜笔直挺立的姿态被视为高洁的象征。很多人将菊花种在花盆里，摆放在阳台上，精心侍弄。采下菊花花瓣，可以沏茶，也可以泡酒。将花朵晒干放进枕头使用，会起到明目醒脑的作用。嫩叶可以炸着吃，也可以放入年糕中蒸着吃。菊花如何繁殖后代？种子飞散出去后会自己发芽生长，也可以折下菊花的茎来扦插繁殖或者植株分枝繁殖。

菊花饼
用花瓣和嫩叶摊饼，味道香
醇、微苦。

茎部底端像树枝一样坚硬结实。
因为是多年生草本植物，所以每年
根部都会发芽。
9月12日

丧礼上经常使用白色的菊花。
隐隐的菊花香气可以使人心情平静。

花朵从 6 月份开始一直盛开到霜降，大约 100 天的时间，所以被称为"百日红"。虽然百日菊没有香味，但是红色、金黄色、黄色、粉红色、白色的花朵五彩斑斓地盛开，瞬间就将整个庭院映照得绚烂异常。只要光线充足，百日菊非常好养，就算面对干旱和炎热，百日菊也能生长。百日菊不喜欢泥泞，只要及时将水排出，花朵就会盛开好长一段时间。若是在百日菊小的时候好好打理，使它长出旁枝、侧枝，便会结出很多花蕾。百日菊只要种植一次，便会在生长的地方落下种子，第二年就又会生长开花了。

百日菊

Garden zinnia

别称：百日红、步步登高、火球花
属目：菊科一年生草本植物
花期：6~10 月盛开
高度：60~90 厘米

花朵的颜色多种多样。
若种子在 4 月左右生根发芽，整个夏天都会开花。

花蕾

翠菊
和百日菊同属菊科植物。
经常被种植在路边或者
花田里。

47

秋英

Cosmos

别称：波斯菊、张大人花、大波斯菊、
　　　秋樱、格桑花、八瓣梅、扫帚梅

属目：菊科一年生草本植物

花期：6~10月盛开

高度：1~2米

　　起风时，它会随风轻摆，所以在韩国被称为"轻轻花"。秋英在秋天湛蓝的天空下盛开，近几年秋英经过改良，有的在夏季也会盛开。秋英的故乡是墨西哥，韩国是1970年左右才开始在街边大量种植这种植物的。秋英植株有很强的分裂能力，高度超过1米，所以播种时要采取间苗法，保证种子与种子之间有充足的空隙。若想使植株生长得低矮一些，可以选择在初夏播种。

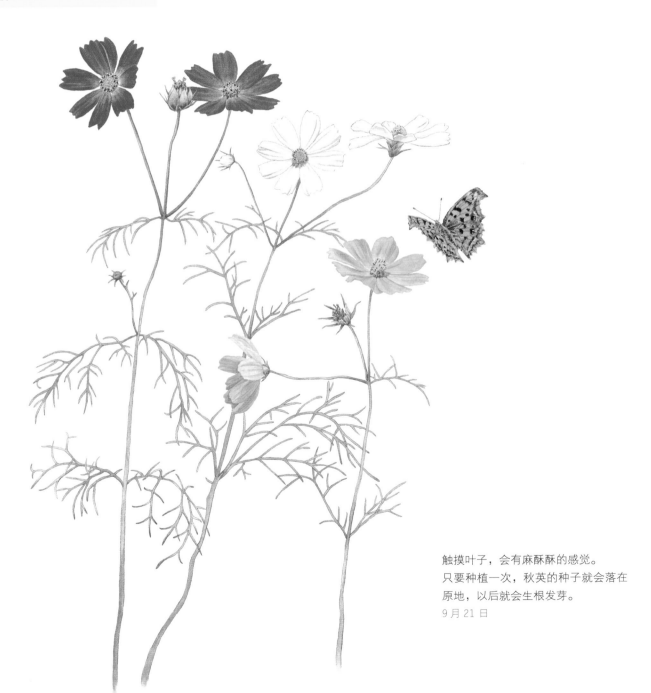

触摸叶子，会有麻酥酥的感觉。
只要种植一次，秋英的种子就会落在
原地，以后就会生根发芽。
9月21日

花蕾像是被塑料包裹过一般光滑。

花瓣逐渐打开。

秋英华丽绽放。

花瓣凋零。

种子随风飘散。

结出尖尖的种子。

花茎纤细，看上去很柔弱，但是即使台风经过，秋英也会开花。

养花

制作花盆

没有小花圃或者花盆是无法养花的，但可以用一些可回收利用的物品做花盆，记住要在底部钻漏水孔。

可以用以前使用过的勺子、叉子当花铲。

播种

在播种前，请认真阅读写在种子包装袋后面的说明。

4~5 月播种的话，6~9 月就会开花。
将种子撒在阳光充足的地方，轻轻将土覆盖在上面，经常浇水，使土壤保持湿润。
长出 5~6 片叶子后，注意间苗，避免植物生长得过于密集。

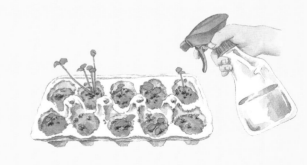

种球茎

购买时，挑选沉重、芽少、没有伤疤的球茎。
美人蕉、卷丹的球茎要在春天种植，水仙花、郁金香的球茎要在秋天种植。

对于卷丹、百合等百合科植物来说，它们的球茎还会长出根，所以要种得深一些。
对于其他植物，球茎微露出一点儿头即可。

将球茎置于水中，也会很好地生长。

黄水仙

郁金香

卷丹

美人蕉

种花秧

将花秧买来，然后种下，这是一种非常简单的养花方式。

用手指从漏水孔将土向外推。

用手指将花秧夹住，然后带着土轻轻拔出来。

种下花秧，轻轻填满土。

贮藏

将种子和球茎贮藏起来，第二年可以继续栽种。

种子

将种子晒干，装入袋子，写下花朵的名字和颜色。

将种子贮藏在干燥阴凉处。

球茎

待植物叶子枯萎后，将球茎挖出。放在网兜里，悬挂在阴凉处。

五彩斑斓的花月历

这是画家李在恩老师的花朵观察日记。

4 月

1日 花卉市场买回一株樱草。天冷，所以将它放在了屋内。

2日 前屋庭院里的黄色连翘盛开了。
忽然想到了以前住在前屋的那位老奶奶，她去年去世了。

5日 妈妈坟前的几株黄水仙盛开了。我将它们移植到公园里，在灿烂的阳光下，黄水仙的颜色漂亮极了。

7日 在去首尔的路上顺便逛了一下良才洞花卉市场。一眼就看上了耧斗菜，于是便买回家一株。

9日 将前天买回来的野罂粟种到了花盆里。因为天凉，所以将它放在厨房，然后发现花的颜色变得朦胧了。

16日 去春川雕塑公园玩。因为天冷，孩子们只想待在车子里不愿出去。公园里种植了很多三色堇，花朵们看上去似乎也觉得很冷。

21日 丈夫折了一枝迎红杜鹃送给我，很漂亮。

5 月

1日 酱缸旁边的皱皮木瓜盛开了。有黑色的蜜蜂在花丛间飞来飞去，会是黄胸木蜂吗?

2日 去杨平植物园一看，紫丁香正在怒放。花香袭人，我的鼻子完全不受控制，不由自主地开始闻了起来。

4日 春川 MBC 大楼前面的大字杜鹃盛开了。说起来今天的天气其实还挺凉的。路人经过时都说"杜鹃花"，但我会纠正他们:"这是大字杜鹃。"

7 日
爬上后山，枯叶之间一道黄色映入眼帘，翻找之后发现原来驴蹄草开花了。

15 日
将笑靥花插在花瓶中，没过几个小时，花瓣就簌簌地全掉光了，只剩下了淡红色的花蕊。不过，即使这样也很好看。

19 日
今天的天气真是好极了。工作室前面的石头缝隙中，荷包牡丹开花了。微风经过，一串串花朵随风摇摆。

20 日
后山变成了玉竹的天地，我看实在是开了太多的花，便忍不住采了几朵压实。傍晚将它们做成书签，看起来更漂亮了。

25 日
奶奶家住在屏风山山顶，院子里开了很多花。我对着"牡丹"说："牡丹真漂亮啊。"没想到奶奶却纠正我："那是芍药。"

6 月

1 日
几年前，我曾经将长在石头缝隙里的溪荪移植到了家里，此后它每年都会开花。不过相比去年，今年似乎开得不太多呢。

7 日
去了隔壁老奶奶家，在离花田稍远的院落一角紫斑风铃草盛开了。

14 日
完美的初秋天气。隔壁叔叔家花田的石头缝隙里，虎耳草开花了。大婶曾经和叔叔说过，让他不用管田地的事情，只要管好花田就可以了。

20 日
隔壁花匠叔叔家的花田里，牡丹要凋谢了。好可惜。

23 日
儿子学校操场一边的月季花盛开了。上面没有蚜虫，非常干净。将鼻子凑上去一闻，竟然没有香味。

26 日
楼下老奶奶家的庭院里开了一大簇红色的蜀葵。最近天气都是阴沉沉的，不知道是不是梅雨季要开始了。

53

7月

3日 后院里凤仙花掉了好多。得赶快染指甲了。

6日 去工作室的坡路上，桔梗花花田里一片紫色。

10日 路边的凌霄花花茎长长了。因为太喜欢，我忍不住摸了一下，不知道是不是沾了花粉，我的胳膊痒了起来。不过儿子也摸了，但是他却没有觉得痒。

13日 农协旁边的大花马齿苋盛开了，天有点儿阴，大花马齿苋花朵的颜色更加显眼了。

15日 家前面的山坡坡顶。紫露草在坚韧的马唐之间零星开放。

16日 庭院里的卷丹开出了大大的花朵。金凤蝶经常会飞来这里。

20日 木炭工厂前的向日葵开花了，儿子望着它，无意间碰到了茎，他一边说着"疼"，一边将胳膊伸给我看。还好，刺并没有扎进去。

8月

1日 小区路边的醉蝶花正开得绚烂。儿子捏了一下果实荚，里面掉出了黑芝麻粒一样的种子。和花相比，果实荚更漂亮。

4日 大路旁边的木槿成排绽放。花朵鲜艳极了，美不胜收。不过有一株上面的花朵却全都掉光了。

10日 因为天气实在太热，所以去了屏风溪谷。白蜡树树荫底下生长着山麦冬，花朵十分惹人喜爱。

16 日 百日菊绽放。但不知是不是因为太常见的缘故，儿子并不太理睬它。在我看来它确实是十分好看的呀……

22 日 隔壁花匠叔叔家花田里的酸浆成熟了，掉下来很多果实，花匠叔叔送给我几个。

23 日 小区路边的红色鸡冠花一排一排地盛开了，大大的花朵还真挺像天鹅绒坐垫的。

9 月

4 日 陈旧、脏乱的塑料大棚旁边的大花美人蕉盛开了。虽然没有几个人注意到它，但是花朵依旧美丽极了。

8 日 独居的老奶奶家老式厕所旁的翠菊盛开了。花朵的颜色实在是太漂亮了，我忍不住欣赏了好一阵。果然是用颜料无论如何都染不出来的颜色呀！

12 日 去了良才洞花卉市场。市场的花盆里除了菊花还是菊花。花香实在太浓烈，我都有点儿头疼了。

15 日 和儿子一起爬后山。有四五朵红色的石蒜盛开着。儿子想让我给他折一朵，我说："就这样看看吧。"

21 日 后山坟墓旁边深粉红色的紫茉莉与圆叶牵牛、凤仙花、桔梗混在一起盛开着。

23 日 吹着风走在坡路上，一簇簇秋英绽放着。光线暗的时候看过去，仿佛草绿色的云彩在飘动。

27 日 天气凉了，美山溪谷旁边许多一串红盛开了，但是因为上面蒙了灰尘，所以我没能尝它的花蜜。

索　引

通过拼音查找：

作者简介

文╱南妍汀

毕业于韩国放送通信大学，专业为农学，曾任归农通文（音译）委员会委员。
现在在京畿道杨平郡的家中，边种植农作物，边编写儿童图书。

图╱李在恩

毕业于中央大学，专业为西洋画。
现在在江原道洪川郡的家中，边侍弄田地，边绘制儿童图书中的插图。
现已出版的作品有《植物的用途》《食用植物》《迎春花》《蚂蚁》《萤火虫》。

读"小小博物学家"系列，立变博物学达人。

本系列第1辑《最美最美的博物书》

本系列第3辑《水边的自然课》

本系列第4辑《郊外的自然课》

本系列图鉴收藏版：《给孩子的自然图鉴》